Sitzungsberichte
der Heidelberger Akademie der Wissenschaften
Mathematisch-naturwissenschaftliche Klasse
Jahrgang 1930. 14. Abhandlung.

Kritik an der Berechnung des optischen Drehungsvermögens von Zuckern

Von

Karl Freudenberg
in Heidelberg.

Eingegangen am 22. Dezember 1930.

Berlin und Leipzig 1931

Walter de Gruyter & Co.

vormals G. J. Göschen'sche Verlagshandlung / J. Guttentag, Verlags-buchhandlung / Georg Reimer / Karl J. Trübner / Veit & Comp.

Kritik an der Berechnung des optischen Drehungsvermögens von Zuckern[1]).

Bei den Verhandlungen der Union internationale de Chimie in Lüttich, Herbst 1930, trat der zwischen der chemisch-präparativen und der optisch-physikalischen, von C. S. HUDSON vertretenen Methodik der Zuckerforschung bestehende Gegensatz erneut mit aller Schärfe zutage. Obwohl W. N. HAWORTH den Standpunkt der präparativen Chemie durch neue, aus dieser hervorgegangene Argumente mit Nachdruck verteidigt, so bleibt doch dem Außenstehenden die Entscheidung überlassen, welcher der beiden Methoden der Vorrang zu geben ist. Die Zuspitzung des Gegensatzes vermag nicht so sehr zu überzeugen als die Untersuchung der Methodik selbst; da von den beiden hier angewendeten Verfahren das auf das optische Drehungsvermögen begründete das neuartige und weniger erprobte ist, haben WERNER KUHN und ich es einer eingehenden Prüfung unterzogen.

Diese hat sich ermöglichen lassen durch die Anwendung neuer Erkenntnisse über das Wesen der optischen Aktivität[2]), die es erlauben, den Anwendungsbereich des von C. S. HUDSON benutzten Prinzips der optischen Superposition abzustecken[3]). Hierbei hat sich ergeben, daß seine Schlüsse bezüglich der α-Mannose, Lyxose und Rhamnose, der α- und β-Galaktose, der β-Fruktose und anderer Ketosen, denen allen er furoide Ringsysteme zuschreibt[4]), nicht aufrecht erhalten werden können.

Ein Anhänger der HUDSON'schen Anschauung könnte jedoch immer noch einen Einwand erheben, den zu untersuchen das Ziel dieser Abhandlung ist.

---

[1]) 12. Mitteilung über sterische Reihen. 11. Mitteilung: Berichte **63,** 2380 (1930).

[2]) WERNER KUHN, Literatur siehe K. FREUDENBERG, W. KUHN u. J. WOLF, Berichte **63,** 2367 (1930); ferner l. c. 1.

[3]) K. FREUDENBERG, W. KUHN, Berichte 1931 (im Druck); K. FREUDENBERG, Journ. Soc. Chem. Ind. 1931 (im Druck).

[4]) Union internat. d. Chim. Lüttich 1930.

In den Arbeiten des amerikanischen Autors befinden sich zahlreiche Tabellen, in denen die berechnete und beobachtete optische Drehung vieler Zuckerderivate gegenübergestellt ist. Wenn eine zu weitgehende Anwendung der optischen Superposition zu Trugschlüssen geführt hat, so ist es nicht zu verstehen — so lautet der Einwand —, warum die Berechnung auf Grund desselben Prinzips in zahlreichen Fällen zu einer überraschenden Übereinstimmung mit der Beobachtung geführt hat.

Wir greifen ein beliebiges Beispiel heraus[5]). Die gewöhnliche α-d-Glukose besitzt die spezifische Drehung $+113^0$; HUDSON berechnet $+114^0$.

Die Nachprüfung hat ergeben, daß diese Berechnung unabhängig von der Gültigkeit oder Ungültigkeit der optischen Superposition ist und daß der Grund für die Übereinstimmung in der Ausführung der Berechnung gesucht werden muß.

Die Berechnung stützt sich auf zwei Größen, die addiert werden:

a) die „epimere Differenz",
b) eine hypothetische α-Mannose.

Beide Größen müssen zunächst untersucht werden.

Zu a). Die „epimere Differenz" wird auf zwei Wegen (I und II) berechnet[5]):

	[M]
I. α-Methylglukosid	+ 306.3
— hypoth. α-Methylmannosid ...	— (+ 242.5)
epim. Differenz =	+ 63.8

Das hier benutzte hypothetische α-Methylmannosid $[\alpha] = +123$[6]) ist folgendermaßen berechnet:

β-Mannose	— 30.6
$+ A_{me}$[7]) $= \frac{1}{2}$ (α-Methylglukosid—β-Methylglukosid)	+ 185.0
$+ A_{OH}$[8]) $= \frac{1}{2}$ (α-Glukose—β-Glukose)................	+ 85.0
hypoth. α Methylmannosid...	+ 239.4[9])

---

[5]) Journ. Am. Chem. Soc. **48**, 1439, 1440 (1926). Die α-d-Glukose wurde damals von HUDSON den furoiden Zuckern zugeteilt.

[6]) ebenda 1430, 1432.

[7]) ebenda **47,** 270 (1925).

[8]) ebenda **46,** 488 (1924).

[9]) $[\alpha] = 239.4 \times 100/194 = 123$ (l. c. 6); später (l. c. 5) wurde der höhere Wert $242.5 \times 100/194 = 125$ verwendet.

Diese Berechnung bedeutet folgendes: A_{OH} ist nach HUDSON der Drehungsbeitrag der Gruppe 1 (Kohlenstoffatom 1 nebst seinen Substituenten) in der α-Glukose. Wird dieser Beitrag der β-Mannose zugezählt, so hebt sich[10]) der Drehungsbeitrag der Gruppe 1 weg und es bleibt der Beitrag der Gruppen 2—6 der Mannose übrig. Wird zu diesem der Beitrag A_{me} der Gruppe 1 des Methylglukosids gezählt, so wird die Drehung des hypothetischen α-Methy-d-Mannosids erhalten.

Für die weitere Betrachtung ist festzustellen, daß nach denselben, hier benutzten Gedankengängen

α-Methylglukosid — A_{me} — A_{OH} = β-Glukose ist (α-Methylglukosid — A_{me} bedeutet die Drehung der Gruppen 2—6 der Glukose; — A_{OH} den Beitrag der Gruppe 1 der β-Glukose).

Zufolge I ist die „epimere Differenz" = α-Methylglukosid — A_{me} — A_{OH} — β-Mannose; daher wird

I = *β-Glukose*	— *β-Mannose*	=	*epimere Differenz*
+ 34.2	—(— 30.6)	=	+ 64.8

Die geringe Abweichung von der oben angegebenen Größe + 63.8 rührt daher, daß bei deren Ausrechnung Durchschnittswerte für A_{me} und A_{OH} verwendet sind.

Die zweite Ausrechnung der „epimeren Differenz" verfährt wie folgt:

II. hypoth. α-Methylglukosid	+ 222.8
— α-Methylmannosid	153.3
epim. Differenz..	+ 69.5

Die Drehung des hier benutzten hypoth. α-Methylglukosids wird folgendermaßen berechnet[11]):

α-Methylxylosid	+ 252.0
— β-Methylarabinosid	— 403.0
+ α-Methylgalaktosid	+ 373.8
hypoth. α-Methylglukosid..	+ 222.8

Dieses Methylglukosid soll der furoiden Reihe angehören. Der Berechnung liegen Gedankengänge (z. B. furoide Struktur des

[10]) Immer nach den Gedankengängen C. S. HUDSONS.

[11]) Journ. Am. Chem. Soc. 48, 1437 (1926).

α-Methylgalaktosids) zugrunde, die bereits an anderer Stelle[3]) erörtert wurden und deren Bedeutung hier außer Betracht bleiben kann.

Der Ansatz lautet demnach:

II =	*α-Methylxylosid*	
	— *β-Methylarabinosid*	+ 222.8
	+ *α-Methylgalaktosid*	
	— *α-Methylmannosid*	— 153.3
	= *Epimere Differenz* ...	+ 69.5

Zu b) Die zur Ausrechnung benutzte, oben erwähnte hypothetische α-Mannose (III)[12]) wird aus β-Mannose durch Addition von 2 A_{OH} berechnet. Nach den obigen Ausführungen ist 2 A_{OH} = α-Glukose—β-Glukose; daher:

III. =	β-Mannose	+ α-Glukose	— β-Glukose	=	hypoth. α-Mannose
	— 30.6	+ 203.0	— 34.2	=	+ 138.2

($[\alpha] D = 138.2 \times 100/186 = + 77^0$).

Da β-Glukose — β-Mannose = I, so wird

$$III = \alpha\text{-}Glukose - I.$$

Wir besitzen nunmehr zwei Ausrechnungen (I und II) für die „epimere Differenz“ sowie eine Ausrechnung für die hypothetische α-Mannose (III). Die Drehung der α-Glukose wird nun ausgerechnet durch Addition der epimeren Differenz (I oder II) zu III. Daher

$$\alpha\text{-}Glukose = III + I \quad = \alpha\text{-}Glukose - I + I,$$

oder

$$\alpha\text{-}Glukose = III + II = \alpha\text{-}Glukose - I + II.$$

Die Berechnung des Drehwertes der Glukose ist also auf diesem Wege unmöglich, und die eingangs angeführte Übereinstimmung erlaubt keinen Schluß auf die Gültigkeit oder Ungültigkeit des Superpositionsprinzips. Auch die „epimere Differenz“ besitzt keine praktische oder theoretische Bedeutung[3]). *Die angenäherte Übereinstimmung von I und II ist zufällig.*

[12]) $[\alpha] = 77^0$, l. c. 6.

Aus den obigen Ausführungen geht hervor, wie nötig es ist, sämtliche bei diesen Berechnungen verwendeten Größen festzustellen. Dieses Verfahren soll auf die von C. S. HUDSON[13]) gegebene Berechnung der Drehung der β-Maltose angewendet werden:

$$\beta\text{-Maltose} = \beta\text{-Cellobiose} + 2\,A' - \alpha\text{-Glukose} + P.$$

Zunächst werden die Größen 2 A' und P untersucht:

$2\,A' = +\,436.8$[14]) ergibt sich aus	Trehalose	+ 674.0
	— α-Glukose	— 203.0
	— β-Glukose	— 34.2
	$2\,A' =$	+ 436.8

P ist der Drehwert $[M] = +\,66 \times 180/100 = +\,118.8$ einer berechneten furoiden α-Glukose[14]) [15]). Er wird erhalten durch Addition[16]) der „epimeren Differenz" + 64.8 (= β-Glukose — β-Mannose; siehe oben) zur Drehung der α-Mannose + 54.0. Daher

$$P = \beta\text{-Glukose} - \beta\text{-Mannose} + \alpha\text{-Mannose}.$$

Da 2 A' und P als Summanden in die Berechnung eingehen, hebt sich β-Glukose weg.

β-Maltose =	β-Cellobiose	+ 54.7
	+ Trehalose	+ 674.0
	— 2 α-Glukose	— 406.0
	+ α-Mannose	+ 54.0
	— β-Mannose	+ 30.6
	β-Maltose berechnet ..	+ 407.3
	β-Maltose gefunden ..	+ 404.0.

Da in die Berechnung die vermeintlich furoide α-Mannose eingeht, wird der Maltose gleichfalls ein furoider Ring zugeschrieben[4]). Aber selbst wenn die α-Mannose einen solchen Ring besäße, könnte die Berechnung nicht als beweisend angesehen

---

[13]) Journ. Am. Chem. Soc. **52**, 1713 (1930).

[14]) ebenda 1709.

[15]) ebenda **48**, 1439, 1440 (1926). Diese α-Glukose wurde damals als pyroid angesehen.

[16]) ebenda 1441.

werden, da sie sich auf nicht weniger als sechs verschiedene Zucker stützt, bei deren Auswahl obendrein eine gewisse Willkür nicht auszuschließen ist.

Den beiden hier geprüften Fällen stehen zahlreiche Berechnungen C. S. HUDSONS gegenüber, die sich nicht auf andere errechnete Werte stützen und volle Gültigkeit besitzen, insofern sie die allerdings sehr engen Grenzen des Superpositionsprinzips nicht überschreiten.

Kolibri 360 GmbH
Ferdinand-Jühlke-Straße 7
99095 Erfurt, Deutschland
produktsicherheit@kolibri360.de